I0000632

V

V ©

BASES

DE L'ART D'EXTRAIRE ET DE FIXER

LES

PRINCIPES

DES ODEURS ET DES SAVEURS.

ET BASES

DE L'ART D'EXTRAIRE ET DE FIXER

LES COULEURS,

OU

LES PARTIES COLORANTES.

Par J. BRESSY, Docteur en Médecine de la ci-devant Université de Montpellier.

A PARIS.

Chez BLANCHON, Libraire, rue Serpente, N°. 16.

AN 1806.

BASES

DE L'ART D'EXTRAIRE ET DE FIXER

LES

PRINCIPES

DES ODEURS ET DES SAVEURS.

~~~~~~~~~

En général tout corps qui répand une odeur, a une saveur, et une saveur analogue à l'odeur qu'il exhale; c'est ce qui a fait croire à quelques physiologistes que le sens de l'odorat et le sens du goût étaient un seul sens. Il y a cependant quelques métaux odorans qui sont insapides. Quelques sels au contraire inodores, ont une saveur piquante. Dans les uns et dans les autres la double impression n'est qu'enchaînée; car si on met en contact galvanique des métaux insapides, sur l'organe du goût, ils y produiront une aussi forte saveur que les sels, les oxides, de ces métaux. Si de même on décompose le sel commun qui est inodore, l'acide muriatique qui en provient, frappe fortement l'odorat. Enfin le fluide électrique communique une odeur pénétrante à l'azote quoiqu'il soit inodore et insapide dans son intégrité. Le fluide galvanique qui développe la saveur des métaux, est une modification du fluide électrique qui rend l'azote odorant ; l'azote est le produit de l'organisation ; il est vraisemblable d'aprés ces observations, que le fluide électrique est le fluide sapide et odorant, qu'il exerce cette action seul, ou par le concours principalement des substances organiques ; parceque c'est de ces substances qu'on extrait tous les parfums, et presque tous les alimens savoureux.

Que le fluide électrique soit le principe des odeurs, ou non ; il est hors de doute qu'il existe un principe odorant, que ce principe varie son action par ses combinaisons avec les matières animales et végétales.

La combinaison du principe odorant, avec des substances végétales et animales est appelée *arome* dans la nouvelle nomenclature chimique. On a besoin pour les usages de la vie, d'avoir les aromes purs, ou de diminuer leur volatilité ; c'est ce qui constitue l'art d'extraire et de fixer les aromes duquel je vais traiter. Cet art a deux bases. La première est que l'eau est le véhicule primitif de tous les aromes ; la seconde est que l'empois, la gelée, les gommes, les mucilages fixent toutes les odeurs et les saveurs.

L'eau est le véhicule de tous les aromes, mais ce n'est pas l'eau liquide, c'est sa vapeur, ou l'eau réduite en gaz. Tous les végétaux élaborent des aromes, toutes les humeurs des végétaux sont originairement séparées de la sève qui est un fluide aqueux. Cette sève circule dans le tissu du végétal; ce tissu forme des tubes capillaires si déliés qu'ils donnent à l'eau qui s'y distribue, la consistance de gaz; et la consistance gaseuse de l'eau lui acquiert plusieurs propriétés qui agissent même encore sur le végétal mort.

La vapeur de l'eau fait mieux mouvoir les hygromètres que l'eau liquide, elle abreuve aussi plus promptement une futaille, elle ressucite pour ainsi dire spontanément, les parties herbacées plus complétement que ne ferait une longue macération dans l'eau, elle soutire le fluide électrique plus puissamment que les pointes. Le fluide électrique est très-odorant ; il entre indubitablement pour beaucoup dans l'aromatisation, comme nous l'avons déjà remarqué.

On voit que la vapeur de l'eau joue un grand rôle dans l'élaboration et l'expension des odeurs. Les matières glutineuses n'ont pas moins d'énergie pour s'emparer des aromes et les enchaîner, ou pour diminuer leur expensibilité. Fixer les aromes ; c'est seulement diminuer leur expensibilité ; car si on les fixait rigoureusement, ils ne seraient plus sensibles à l'odorat.

Tous les végétaux sont composés en grande partie de fécule , d'amidon ; il est intègre ou dissous. Il est intègre dans le parenchyme herbacé , dans les graines et dans beaucoup de racines ; il est dissous dans l'empois, dans les gommes, les écorces , les bois. L'arome répandu dans la fécule , l'amidon intègre , s'échappe d'entre ses parties par l'évaporation de l'eau qui lui servait de véhicule ; ce qui a lieu ordinairement par la dessiccation des organes herbacés des plantes. Il n'en est pas de même lorsque l'arome se trouve engagé dans l'empois , formant du mucilage , des écorces , du bois, il est retenu dans ces substances souvent jusqu'à leur destruction totale; comme on peut s'en convaincre par l'examen des vielles écorces , des anciens bois et des fruits très-secs.

La vapeur de l'eau a la propriété de volatiliser les aromes, et par-là de donner la facilité de les extraire. Elle a encore la propriété de dissoudre la fécule , l'amidon , c'est-à-dire , de le changer en empois, en gomme, en mucilage, pour y fixer les aromes.

On extraira tous les aromes par la vapeur au moyen d'un Alambic à Diaphragme que j'ai imaginé; on les fixera avec le même Alambic dans toutes les substances amidacées, susceptibles de se changer en empois, mucilage ou gelée.

ALAMBIC

A

DIAPHRAGME.

～～～～～～～

DESCRIPTION.

Il est composé de toutes les pièces d'un Alambic ordinaire de cuivre et étain. Il a de plus un Diaphragme qui est intercalé entre la cucurbite et le chapiteau , ce Diaphragme est de deux espèces; l'un n'est qu'un cercle d'étain avec deux gorges pour s'adapter à la cucurbite et au chapiteau , avec un rebord circulaire horisontal , percé tout au tour , pour y arrêter une étamine qui en fasse un tamis. Le second au lieu de recevoir une étamine, est entièrement d'étain; il y a à son centre un petit tuyau qui s'élève perpendiculairement de deux ou trois décimètres, et dont le diamètre

est le dixième du diamètre du Diaphragme
(à peu près).

Effets du Diaphragme à étamine, ou apanthismique.

On met sur ce Diaphragme des fleurs,
des feuilles, des racines, ou autres matières grossièrement divisées ; on place ce
Diaphragme chargé entre la cucurbite et
le chapiteau ; l'alambic monté, on allume
le feu dans le fourneau, l'eau s'échauffe,
la vapeur s'élève, pénètre à travers l'étamine
et les fleurs, elle se charge de l'arome et
l'emporte dans le récipient. La partie co-
lorante des fleurs, des racines, etc., et
toutes matières déliquescentes se répan-
dent dans une portion de vapeurs aqueuses qui sont au-dessous du Diaphragme, et
elles tombent dans l'eau de la cucurbite.

Effet du Diaphragme entièrement métallique.

Ce Diaphragme est propre à recevoir

toute espèce de corps, mais principalement les poudres. On l'adapte à la cucurbite
et au chapiteau, et on procède à la distillation. La vapeur de l'eau de la cucurbite
échauffe le Diaphragme en dessous, celui-
ci communique sa chaleur aux substances
qu'il soutient, cette chaleur exalte l'arome;
la vapeur qui a échauffé le Diaphragme en
dessous, se rend en dessus par le tuyau
de son centre, et vient enlever à la surface de la poudre et de tous corps sou-
tenus par le Diaphragme, l'arome que le
calorique développe ou volatilise; et cette
vapeur ainsi aromatisée va se condenser
dans le chapiteau s'il est à réfrigérant, ou
dans le serpentin, et de-là elle coule dans
le récipient.

Application.

Avec le Diaphragme d'étamine ou apanthismique, on peut extraire et fixer toute
espèce d'aromes. La vapeur de l'eau bouillante, cuit ou change en pulpe plusieurs

substances animales et végétales qui contiennent des aromes, quand elle les pénètre. Cette cuisson, ou le changement des matières organiques en pulpe, fixe l'arome par une propriété particulière à la pulpe, à l'empois et à la gelée. Avec le même Diaphragme, on opère la distillation descendante qui extrait les matières déliquescentes au moyen de la vapeur de l'eau qui s'en empreint à travers l'étamine, et revient se mêler à l'eau de la cucurbite, parceque les matières dont elle s'est chargée, la rendent trop pesante pour lui permettre de se soutenir long-tems.

Par la distillation avec le Diaphragme apanthismique, on se fera une idée de la circulation des humeurs salines, des parties colorantes, et de leur sécrétion dans les animaux et dans les végétaux ; on fixera l'arome dans le tissu des fruits, si on l'arrête à tems, et on l'extraira en entier et très-pur si on continue assez long-tems la distillation ; on enlèvera les parties colorantes et toutes les matières déliquescentes ;

ce qui en donnant un nouveau moyen d'analyse, donnera de nouveaux produits pour les arts.

Le Diaphragme métallique sert à extraire plus promptement et plus exactement les aromes que le diaphragme apanthismique ; il est plus commode en outre pour distiller les poudres.

Les fleurs de lys, de violettes, la tubéreuse, le réséda, l'iris et les plantes appelées inodores, parcequ'on ne pouvait en retirer aucun principe odorant par les distillations en usage, m'ont donné leurs aromes, distillées à la vapeur de l'eau sur l'un et l'autre Diaphragme.

On peut distiller avec le même appareil à la vapeur du vinaigre, de l'alcohol, etc.

Pour avoir des eaux plus parfumées, on disposera plusieurs Diaphragmes les uns sur les autres, ou on rectifiera sur de nouveaux aromates, l'eau déjà aromatisée par une première distillation.

La chimie est si peu avancée dans la connaissance des aromes, que les meilleurs

auteurs n'ont fait que divaguer en voulant
donner des règles pour les extraire, ou
pour les fixer dans différentes substances.
Beaumé dit dans la troisième édition de ses
élémens de pharmacie, page 24 : « Il y a
» d'autres plantes dont les fleurs n'ont point
» de calices, et qui sont néanmoins très-
» odorantes, telles que les lys blancs et
» jaunes, les tubéreuses, etc.... Toutes ces
» fleurs soumises à la distillation fournissent
» des eaux odorantes.... » Toutes les plantes
» liliacées, les roses pâles et les roses mus-
» cates perdent entièrement leur odeur par
» l'exsiccation, et elles ne doivent être
» employées que lorsqu'elles sont fraîches.
Aux pages 303 et 304, « Toutes les plantes
» liliacées, comme sont celles de lys, de
» jacinthes, de tubéreuses, etc. ne fournîs-
» sent que peu ou point d'esprit recteur
» par leur distillation. » page 603 : « les lys
» blancs et jaunes ne colorent point l'huile
» d'olive, et ne lui communiquent aucune
» odeur. » Et Fourcroy pense au contraire,
» qu'il faut pour retenir l'arome des lys odo-

» rans, de la tubéreuse, etc., les combiner
» avec d es huiles fixes. » 5me édition de ses
élémens de chimie , tom. 4, page 141. Les
erreurs des savans sur les aromes , vi ennent
de ce qu'on n'avait pas d'instrumens pr opres
à se les procurer tous, et à se les procure r
purs ; car avec mon appareil nouveau ,
j'ai obtenu une eau de fleurs de lys très-
odorante; et j'ai fixé l'arome dans ces fleurs
par leur coction à la vapeur sur le Diaphragme apanthismique. Cet arome a paru
a Beaumé ne pas se mêler à l'huile ; parcequ'il s'y combine ; il perd l'odeur de lys
dans cette combinaison ; il y prend la nature
et l'odeur d'un savon.

Les fleurs des lys, la tubéreuse, l'iris, ne
donnent pas d'arome, distillées par immer-
sion dans l'eau, parceque l'eau bouillante
les cuisant ; les change en pulpe ; et cette
pulpe n'abandonnant qu'une très - petite
quantité d'arome ; leur distillation par im-
mersion n'en doit donner que peu , ou point
du tout.

L'iris parfume le linge de lessive quand

on met quelques sachets de cette racine
coupée en morceaux parmi le linge dans
le cuvier. L'eau de lessive étant bouillante
cuit, ou dissout une certaine portion de cette
iris ainsi disposée ; cette dissolution, ou
cet empois d'iris pénétre le linge, s'y at-
tache et avec lui son parfum. V. de
Bomare Dit que dans le Languedoc, on
tire la pulpe de la racine de l'iris ordinaire
après l'avoir fait cuire, et on l'étend sur
les toiles pour les parfumer.

C'est sur la propriété qu'a la pulpe, ou
l'empois d'enchaîner l'arome qu'est
fondé l'art de la cuisine ; c'est encore
d'elle que provient l'aromatisation des
extraits. Le cuisinier fixe par la cuisson
avec des liaisons aux jaunes d'œufs, à la
farine, l'arome dans les mets qu'il prépare.
Souvent il change aussi par la cuisson en
pulpe, en empois, la fécule des végétaux ;
ou il amène à la consistance de gelée et
de rob, les sucs des animaux, pour
leur procurer une saveur agréable. Le
pharmacien conserve dans les extraits l'a-

rome des plantes qui se seraient perdus par la dessiccation; ou ce qui est la même chose, si la pulpe ne l'avait pas embarrassé.

Le cuisinier et le médecin ignorent laquelle des viandes est préférable pour faire le bouillon, ou de celle qui provient de l'animal nouvellement tué, ou de celle qui est mortifiée; nos principes vont résoudre cette question. De la viande gâtée, ou très-odorante par la putréfaction, cuite dans l'eau, se dépouille d'une matière pulpeuse, gélatineuse qui rend le bouillon blanc, louche et aigre; cette matière gélatineuse contient en grande partie l'arome de la gangrène, et cette viande est mangeable après sa cuisson s'il n'y a que la surface de corrompue. La viande qui commence à se putréfier, est ce que les cuisiniers et les bouchers appèlent de la viande mortifiée; elle est beaucoup plus tendre que la fraîche. Ainsi, si l'on desire avoir du bon bouillon, il faut le faire avec la viande très-fraîche, si on veut avoir un bouilli

tendre et succulent, on préférera celle qui est mortifiée. Il faut par conséquent rejetter le bouillon de la viande mortifiée comme étant de mauvaise nature, et il est d'autant plus mauvais que la viande est plus avancée.

Pour enlever complétement l'arome d'une substance; il faut éviter qu'il ne se forme de l'empois, de la gelée sur les corps odorans, ou si l'arome est contenu dans quelques matières gélatineuses, on leur fera perdre par la dessiccation cette consistance, pour pouvoir après les désaromatiser par l'Alambic à Diaphragme métallique.

BASES

DE L'ART D'EXTRAIRE ET DE FIXER

LES COULEURS.

LES parties colorantes, l'extractif et toutes les matières déliquescentes contenues dans les substances posées sur le Diaphragme en forme d'étamine d'un alambic, descendant au moyen de la vapeur dans l'eau de la cucurbite, pendant la distillation, on peut par cet appareil, extraire les parties colorantes qui conservent leur déliquescence, blanchir, etc.

Je dis les parties colorantes qui conservent leur déliquescence, parceque plusieurs ingrédiens fixent les parties colorantes, en leur enlevant la propriété déliquescente.

Pour teindre solidement, il faut d'après ce qui précède, combiner les parties colorantes avec des ingrédiens anti-déliquescens; afin de préserver la couleur d'être absorbée par les vapeurs aqueuses , ou d'être emportée par le lavage.

L'art de teindre consiste donc principalement , à combiner les parties colorantes déliquescentes , avec des sels efflorescens et des ingrédiens qui les rendent insolubles dans l'eau ; de manière que la vapeur de l'eau et l'eau n'enlèvent pas la couleur par déliquescence ou par dissolution ; ou que la même couleur ne soit pas effacée pendant la sécheresse de l'atmosphère, par l'efflorescence des sels anti-déliquescens.

Les sels efflorescens sont la soude , la sulfate de soude, la sulfate d'alumine (l'alun), la sulfate de fer, la sulfate de cuivre , etc.

Les ingrédiens insolubles dans l'eau sont les terres, ou la silice , l'alumine, la baryte, la chaux, la magnésie, etc. et plusieurs sels que ce caractère raproche plus des terres que des substances salines. Les terres et les sels insolubles suffisamment divisés se délayent dans l'eau, c'est-à-dire , ils s'y tiennent suspendus. Cette manière de se comporter avec l'eau, en facilite l'emploi dans la teinfure, elle permet de les transporter sur la laine, les fils, les étoffes qu'on teint par l'intermède de l'eau.

Mon Salaire.

Je me réserve la propriété de mon Alambic à Diaphragme et de ses produits. Je sollicite un privilège exclusif de quinze ans, pour me l'assurer. Je donnerai le droit de faire construire cet Alambic, d'en débiter les produits, moyennant une somme peu importante par établissement, payable après s'être assuré qu'il a des résultats différens des autres Alambics. C'est ce qui constituera mon salaire.

Les professeurs de physique, de chimie, de pharmacie représentant, pour ainsi dire, les expériences nouvelles, comme les acteurs dramatiques représentent les pièces de théâtre, doivent un tribut ou les écoles, aux inventeurs de ces expériences, équivalent à celui que les acteurs ou l'administration des théâtres sont obligés de donner aux auteurs des pièces nouvelles. En conséquence je prie les professeurs de physique , de chimie et de pharmacie, qui sont dans le cas de répéter mes expériences dans leurs cours , de ne pas me frustrer de mon salaire. Je ferai imprimer dans plusieurs journaux et dans les nouvelles éditions de cet opuscule , le nom de ceux qui se seront acquittés envers moi, pour faire connaître les professeurs assez judicieux, assez habiles et assez intéressés aux progrès des sciences pour sentir toute la justice de ma demande.

Les médecins sont dans l'habitude de faire entrer dans une composition magistrale adoucissante, l'eau de lys quoiqu'elle n'ait pas d'autre vertu que l'eau pure; ils prescrivent l'eau de plantain avec des remèdes astringens pour en augmenter l'efficacité, cette eau n'ayant pas de propriété différente de l'eau simple distillée ; loin d'ajouter à l'efficacité des autres remèdes, elle affaiblit leur énergie. Il en est de même des eaux inodores cordiales. Toutes les eaux obtenues par l'Alambic à Diaphragme étant au contraire chargées d'arome, le médecin ne

peut s'empêcher de les prescrire de préfé-
rence; pour les désigner à l'apothicaire on
appelera ces eaux diaphragmatiques, on se
servira des deux lettres DP. pour les désigner,
comme on se sert des lettres B. M. pour or-
donner des eaux distillées au bain Marie. Le
médecin en rectifiant des formules ridicules,
des formules qui dégradent son art, forcera
l'apothicaire à faire usage de mon Alambic, contribuera ainsi à mon salaire.

Les apothicaires, les parfumeurs, les
confiseurs, les distillateurs, les liquoristes,
les vinaigriers et les herboristes qui achè-
teront le droit de faire construire des
Alambics à Diaphragme et d'en vendre les
produits, ajouteront à leur commerce des
objets nouveaux et plus parfaits. Et pour
diminuer la concurrence, ils se concerte-
ront avec moi pour interdire le débit de
ces produits, à ceux qui n'en auraient pas
acquis la permission.

F I N.

De l'Imprimerie de ROUSSEAU, rue du Foin St.-
Jacques, N°. 13.

AVIS.

Cet Opuscule est extrait d'un mémoire qui fait le complément de mon ouvrage sur la *Contagion*, ce mémoire contient un procédé de désinfecter l'air et les substances solides par la vapeur de l'eau bouillante. Les vapeurs des acides muriatique et nitrique opèrent bien la désinfection de l'air, mais on n'avait pu parvenir ni par les vapeurs acides, par le lavage, par le lessivage, par le sérénage ni par tout autre moyen connu, à purifier exactement les substances solides.

Mon Ouvrage sur la Contagion *se trouve à Paris, chez Gabon libraire, place de l'École de Médecine.*

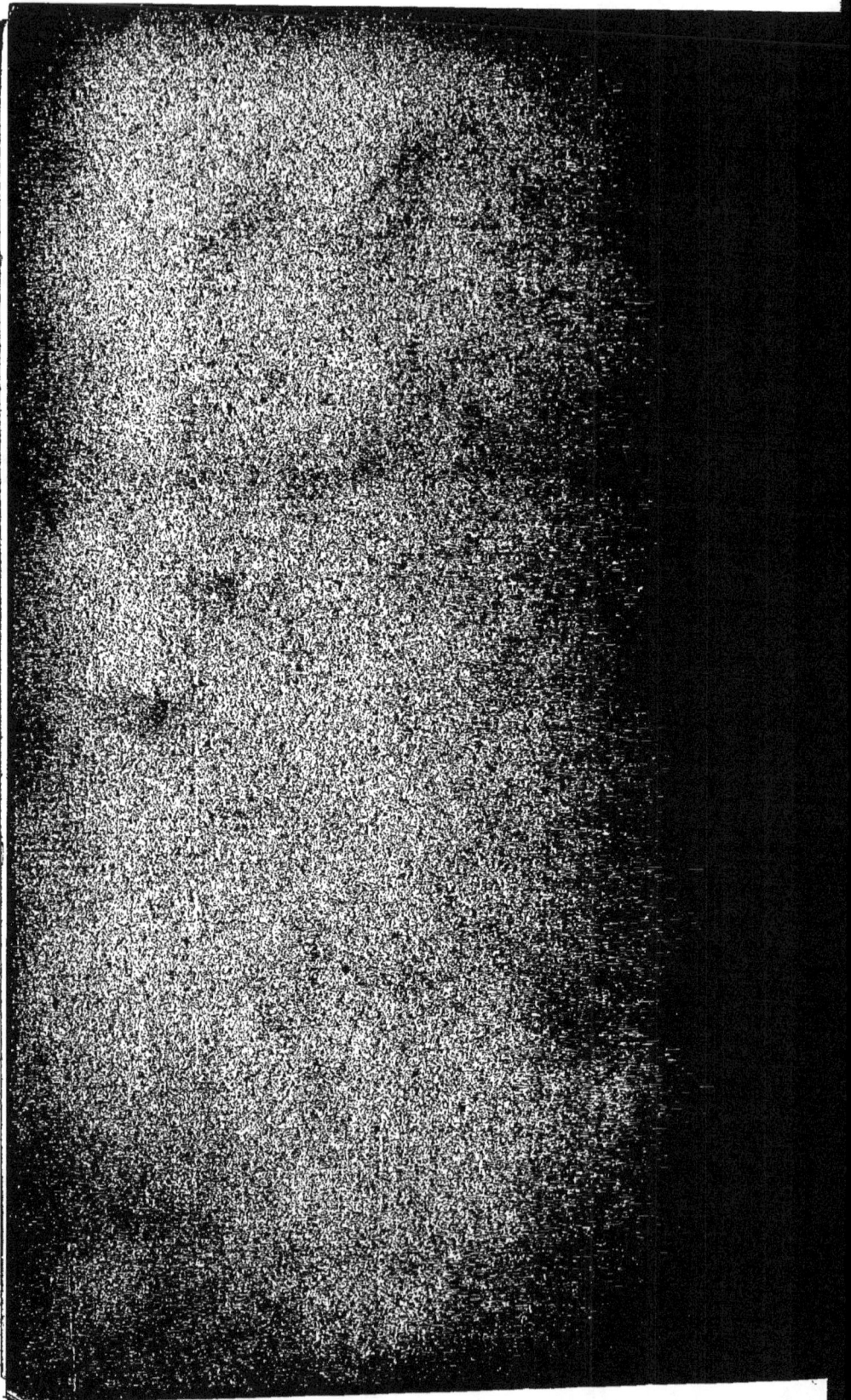